Alexander Aust

Die Bodenschätze Südamerikas

GRIN Verlag

Bibliografische Information der Deutschen Nationalbibliothek:

Die Deutsche Bibliothek verzeichnet diese Publikation in der Deutschen National-
bibliografie; detaillierte bibliografische Daten sind im Internet über http://dnb.d-
nb.de/ abrufbar.

Impressum:

Copyright © 2008 GRIN Verlag GmbH
Druck und Bindung: Books on Demand GmbH, Norderstedt Germany
ISBN: 978-3-638-95525-6

Dieses Buch bei GRIN:

http://www.grin.com/de/e-book/92963/die-bodenschaetze-suedamerikas

Rheinisch- Westfälisch Technische

Hochschule Aachen

- Geographisches Institut -

Wirtschaft und Entwicklung Lateinamerikas II

WS 2007/2008

Die Bodenschätze Südamerikas

Alexander Aust

Inhaltsverzeichnis:

Seitenzahl

Abbildungsverzeichnis:

Seitenzahl

Abkürzungsverzeichnis:

CVRD = Companhia Vale do Rio Doce

DRI = Direct Reduce Iron

ENAMI = Empresa Nacional de Mineria

IBS = Instituto Brasileiro De Siderurgia

IEA = International Energy Administration

ILO = International Labour Organisation

LME = London Metal Exchange

NA = Norddeutsche Affinerie

NE- Metalle = Nicht Eisen Metalle

1   Einleitung

Die vorliegende Arbeit thematisiert die Bodenschätze des südamerikanischen Kontinents. Zuerst wird dabei auf die Produktion und Reserven der Fossilen Brennstoffe Erdöl, Erdgas und Steinkohle in Südamerika eingegangen. In diesem Zusammenhang werden auch die Außenhandelströme mit diesen Primärenergieträgern dargestellt.

Im Anschluss daran werden die Vorkommen der südamerikanischen Bergbau- und Tagebauindustrie beschrieben. Wobei die Vorkommen an Eisen, ausgewählten NE- Metallen und Edelmetallen behandelt werden. Die Produktionszahlen, Reserven und der mit diesen Bodenschätzen betriebene Außenhandel wird beleuchtet, ergänzt um die ebenfalls wichtig Bedeutung des jeweiligen Rohstoffes im internationalen Kontext; Einige Rohstoffe sind in vielen Regionen der Welt vorzufinden während andere Rohstoffe primär nur in einer Teilregion der Welt vorkommen. Dabei ist es interessant herauszufinden, ob der südamerikanische Kontinent über Bodenschätze verfügt die überwiegend nur dort vorkommen und es zu einer Abhängigkeitsbeziehung kommt. Ebenso wird die Frage aufgearbeitet, ob die geförderten Bodenschätze auf dem südamerikanischen Kontinent eine Weiterverarbeitung im Förderland erfahren oder ausschließlich gefördert und danach exportiert werden und ob ein Großteil der wirtschaftlichen Wertschöpfung die Region verlässt.

Neben der ökonomischen Analyse der Bedeutung südamerikanischer Bodenschätze für die Staaten Südamerikas, werden die ökologischen und sozialen Folgeschäden der Bergbauindustrie aufgegriffen und nicht außer Acht gelassen.

Der letzte kleine Teil der Arbeit setzt sich mit den Problemen des Kleinbergbaus in Südamerika auseinander, der mehr Arbeitsplätze generiert als der industriell betriebene Bergbau, aber nur einen geringen Teil zur Gesamtförderung der Bodenschätze beiträgt. Hier sind die ökologischen und sozialen Folgen ein erstzunehmendes Problem für das in Zukunft Lösungsansätze gefunden werden sollten.

2   Abbau fossiler Brennstoffe in Südamerika

Die Förderung der drei wichtigsten fossilen Brennstoffe Erdöl, Erdgas und Steinkohle ist auf die Staaten Südamerikas ungleich verteilt. Dies ist durch den Umstand begründet, dass sich die wichtigsten Erdöl- und Erdgasfelder auf die Gebiete rund um den größten See Lateinamerikas (Maracaibo) und das Orinocodelta verteilen. Das Orinocodelta und der See von Maracaibo befinden sich beide in Venezuela und bewirken eine starke Konzentration der südamerikanischen Erdöl- und Erdgasvorkommen auf diese geographische Teilregion Südamerikas. Dem Abbau von Steinkohle wird in Südamerika, aufgrund vergleichsweise niedrigerer Reservevorkommen, weniger Aufmerksamkeit geschenkt. Die größten Steinkohlereserven verzeichnen die Staaten Brasilien, Kolumbien sowie Venezuela. Die folgende Karte der fossilen Brennstoffreserven Südamerikas veranschaulicht die geographische Verteilung der wichtigsten Erdöl-, Erdgas- und Steinkohlereserven Südamerikas.

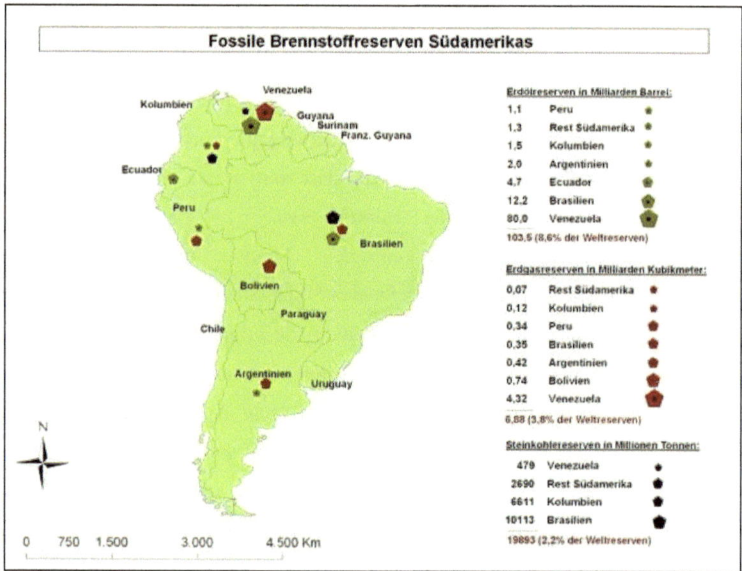

Abbildung 1: Fossile Brennstoffreserven Südamerikas
Quelle: Eigene Graphik   Quelle der Grunddaten: British Petroleum 2007, 6

Dabei ist zu beachten, dass sich die Angaben zu den Erdöl- und Erdgasreserven auf konventionell förderbares Erdöl und Erdgas beziehen. Unkonventionell förderbare Vorkommen, wie Ölschiefer, Ölsande auf der einen Seite und biogene Gase, Methangas und Gashydrate auf der anderen Seite, die unter den heutigen technischen und wirtschaftlichen Bedingungen noch nicht gefördert werden, finden keine Berücksichtigung in der aufgeführten Karte (Campell u.a., 2007: 25ff.). Diese Tatsache ist vor allem im Hinblick auf die Schwerölvorkommen im Orinoco- Becken Venezuelas sehr interessant, da „dieses riesige Vorkommen sogar mehr Öl als der Nahe Osten" (Campell u.a., 2007: 42) enthält.

2.1.1 Erdöl- Produktion, Verbrauch und Export in Südamerika

Die südamerikanische Erdölproduktion wird zu einem großen Teil von den Erdölvorkommen Venezuelas getragen. Im Jahr 2006 betrug die Erdölproduktion des Landes 2.824.000 Barrels pro Tag und trägt damit bei einer südamerikanischen Gesamtproduktion von 6.721.000 gerundete 42% der Erdölproduktion in Südamerika. Neben Venezuela hat die Erdölproduktion von Brasilien einen hohen Anteil an der südamerikanischen Gesamtproduktion. Mit 1.809.000 Barrels pro Tag im Jahr 2006 fallen 26% der Erdölproduktion auf Brasilien. Zusammen deckt die Erdölproduktion Brasilien und Venezuelas 68% der gesamten Erdölproduktion Südamerikas ab. Abbildung 2 verdeutlicht diese Zahlen und ergänzt die historische Entwicklung der Erdölproduktion. Diese Entwicklung verlief in den letzten 10 Jahren (1996-2006) auf einem ausge-

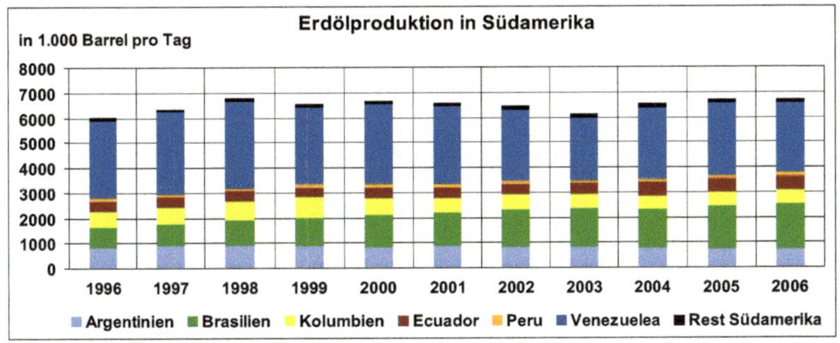

Abbildung 2: Erdölproduktion in Südamerika
Quelle: Eigene Graphik   Quelle der Grunddaten: British Petroleum 2007, 8

glichenem Niveau und weißt über diesen Zeitraum einen geringen Produktionszuwachs auf. Auffällig hierbei ist jedoch, dass Brasilien seine Produktionskapazitäten in diesem Zeitraum mehr als verdoppelt hat, während Venezuela, Kolumbien und Argentinien eine leichte Drosselung der Erdölproduktion vorweisen. Die Gründe für die starken Kapazitätszuwächse in Brasilien gehen maßgeblich auf den gesteigerten Inlandsverbrauch nach Erdöl und verminderte Erdölimporte zurück. Mit dem brasilianischen Energiekonzern Petrobas an der Spitze hat sich Brasilien das Ziel gesetzt, „die Autarkie in der Energieversorgung" (Hoffmann 2006) herzustellen. Die brasilianische Produktionskapazität von 1,91 Millionen Barrel pro Tag im Jahr 2006 wird bei dem „geschätzten Bedarf von ganz Brasilien, der zwischen 1,85 und 1,9 Millionen Barrel liegt"(Hoffmann, 2006) gerecht, und das Land ist damit von jeglichen Importen unabhängig. Für andere Staaten in Südamerika, die einen wesentlich niedrigeren Erdölverbrauch aufweisen als Brasilien, bewirkt die überschüssige Erdölproduktion den Export von Erdöl. Allen Voran erwirtschaften die Staaten Kolumbien, Argentinien, Ecuador und Venezuela Erdöl, dass neben der Selbstversorgung des Landes für den Export bestimmt ist. Die Erdölexporte der vergangenen Jahre sind in Abbildung 3 dargestellt und es ist deutlich der hohe Anteil der venezuelanischen Erdölexporte an den Gesamtexporten zu

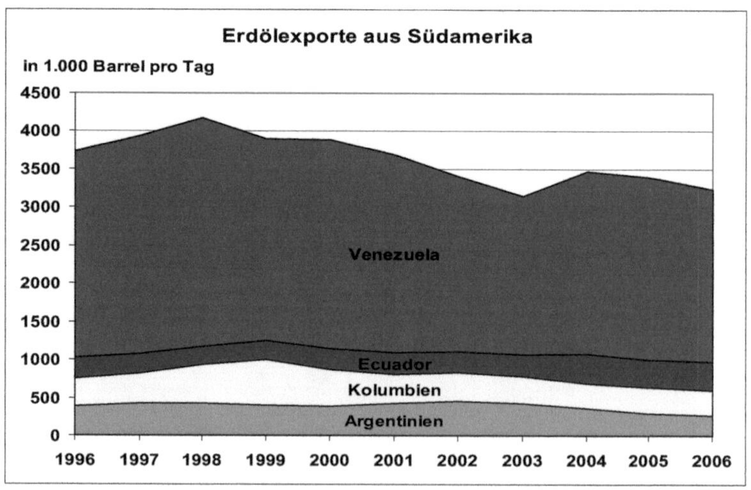

Abbildung 3: Erdölexporte aus Südamerika
Quelle: Eigene Graphik   Quelle der Grunddaten: British Petroleum 2007, 8-11

erkennen. Der Großteil dieser Exporte verlässt den Kontinent in die Richtung der USA und Europa (Britisch Petroleum, 2007: S.21), während die verbleibenden Mengen die umliegenden südamerikanischen Staaten versorgen.

2.1.2 Erdölreserven in Südamerika

Der Blick auf die Erölreserven Südamerikas und die damit verbundene Nachhaltigkeit der Erdölproduktion eines Landes unterstreicht die herausragende Rolle von Venezuela. Während alle anderen südamerikanischen Staaten bei gleich bleibender Jahresproduktion schon in den nächsten 5-25 Jahren an ihre Grenzen stoßen, ist davon auszugehen, dass Venezuela die nächsten 80 Jahre auf gleich bleibendem Level Erdöl fördern kann.Dieser Zusammenhang wird in Abbildung 4

| | *in Mrd. Barrel* | | |
	Reserven	Produktion (2006)	Produktionsjahre (verbleibend)
Venezuela	80	1,01	80
Brasilien	12	0,64	19
Ecuador	4,7	0,21	22
Argentinien	2	0,26	8
Kolumbien	1,5	0,21	7
Rest Südamerika	1,3	0,05	25
Peru	1,1	0,04	26

Abbildung 4: Zertifizierte Erdölreserven und verbleibende Produktionsjahre

Quelle: Eigene Graphik, Eigene Berechnung   Quelle der Grunddaten: British Petroleum 2007, 8-11

deutlich. Setzt man zukünftig einen weiter steigenden Ölpreis voraus, können die derzeit zertifizierten Reserven in Venezuela weiter ausgebaut werden. Denn ein hoher Ölpreis „macht die Ausbeutung der extraschweren Rohölreserven im Orinoco-Becken rentabel"(Leidel a, 2006). Auf einem „70 Kilometer breiten Streifen parallel zum Orinoco Fluss liegen die wohl größten Erdölreserven der Welt." (Leidel a, 2006) Die Regierung in Venezuela notiert die Reserven auf „1370 Milliarden Barrel, davon seien mit der heutigen Technik 236 Milliarden förderbar." (Leidel a, 2006) Da jedoch die Förderung dieser Schwerölreserven nur mit einem „großen Energie- und Wasseraufwand" (Campell, J. Collin u.a., 2007: 42) durchgeführt werden kann, ist zumindest die von der Regierung angegebene Höhe der zusätzlichen Reserven kritisch zu hinterfragen. Wenngleich die Aussicht auf neue Reservequellen bei weiter steigendem Rohölpreis gegeben ist.

Zusammenfassend bleibt festzuhalten, dass die Produktionen und die Ausfuhren von Erdöl aus Südamerika durch Venezuela dominiert werden. Insgesamt liegen 8,6 % der zertifizierten Weltreserven in Südamerika (vgl. Abbildung 1, S.5).

2.2.1 Erdgas- Produktion und Verbrauch in Südamerika

Der Erdgasmarkt in Südamerika konnte in den zurückliegenden 10 Jahren ausgesprochen hohe Wachstumsraten verzeichnen, dient dabei aber ausschließlich der südamerikanischen Subsistenzversorgung. Dieser große Nachfrageanstieg nach Erdgas als Energieträger ist hauptsächlich auf die umfassenden Strukturreformen in Südamerika zurückzuführen, die zu einem hohen Wirtschaftswachstum bei gleichzeitigem Anstieg des Energiebedarfs führten (Rempel, 2006: 1). Der steigende Verbrauch von Erdgas als Energieträger wird bei Betrachtung der Erdgasproduktion der letzten 10 Jahre deutlich. Im Zeitraum von 1996 bis 2006 sind die Produktionskapazitäten von 74,3 auf 107,1 Milliarden Kubikmeter um ca. 45% gestiegen. Bei Betrachtung der in Abbildung 5 dargestellten Zeitreihen wird deutlich, dass die Erdgasproduktion in Argentinien und Venezuela den Löwenanteil ausmacht. Allerdings ist zu beachten, dass die dynamischste Entwicklung der Erdgasproduktion auf Bolivien fällt. Von 1996 bis 2006 hat sich die bolivianische Erdgasförderung von 3,2 auf 11,5 Milliarden Kubikmeter mehr als verdreifacht. Brasilien hat seine Erdgasförderung ebenfalls stark erweitert, muss jedoch aufgrund der starken Binnennachfrage auch auf Erd-

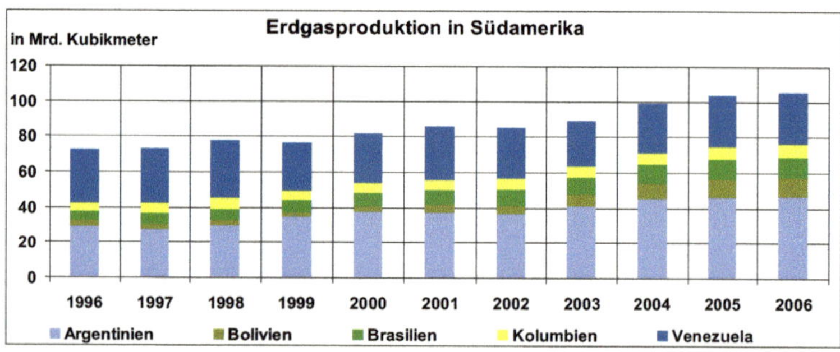

Abbildung 5: Erdgasproduktion in Südamerika
Quelle: Eigene Graphik   Quelle der Grunddaten: British Petroleum 2007, 24

gasimporte aus Bolivien zurückgreifen, das „rund die Hälfte seines Gasbedarfes aus Bolivien bezieht."(Leidel b, 2006) Neben Brasilien sind die Staaten Chile, Peru und Uruguay auf Erdgasimporte aus den Nachbarländern angewiesen. Argentinien und Bolivien sind dabei die einzigen Exporteure, und die Versorgung wird durch ein grenzüberschreitendes Pipelinenetz gewährleistet (Rempel, 2006: 4). Für die Zukunft wird ein fortschreitender Anstieg des Ergaskonsums in Südamerika erwartet. So geht die IEA „in ihrem Referenz-Szenario bis 2030 von einer Verdreifachung des Erdgasverbrauchs aus" (Rempel, 2006: 4) der u.a. dazu führen wird, dass im Jahre 2010 Erdgas den zweithöchsten Anteil an der Stromerzeugung in Südamerika haben wird und das Erdöl als Energieträger für die Stromerzeugung überholt. Hauptenergieträger für die Stromerzeugung in Südamerika bleibt die Wasserkraft, gefolgt von Erdgas und Erdöl auf den Plätzen zwei und drei. (EIA, 2006: 48)

2.2.2 Erdgasreserven in Südamerika

Südamerika verfügt über 3,8% der weltweiten Erdgasreserven und ein Großteil der zukünftigen Erdgasförderung wird auf die Staaten Venezuela und Bolivien fallen, die beide zusammen einen 85%igen Anteil der südamerikanischen Erdgasreserven stellen (vgl. Abb1). Bei den venezuelanischen Erdgasvorkommen ist jedoch zu beachten, dass diese zumeist an Erdölfelder assoziiert sind und „über 50% des geförderten Erdgases wird zurzeit zum Druckerhalt bei der Erdölförderung in die Lagerstätten re-injiziert." (Rempel, 2006: 3) Für den steigenden Erdgasverbrauch verfügt der Kontinent in jedem Fall über genug Reserven, auch wenn sich das von der EIA prognostizierte Referenz-Szenario einer Verdreifachung des Erdgasverbrauchs einstellt. Das Problem, dem sich die Staaten Südamerikas ausgesetzt sehen, besteht im Transport des Erdgases an die Hauptabsatzmärkte. Der Großteil der Bevölkerung lebt in den südlichen Ballungsräumen um Rio de Janeiro, Sao Paulo und Buenos Aires, während die Erdgasreserven vornehmlich im nördlichen Venezuela lagern. Zwar verfügt der Süden Südamerikas über ein Netz bestehender Erdgaspipelines, das die Nachbarstaaten Brasilien und Argentinien mit bolivianischem Erdgas versorgt. Aber um heterogene Importstrukturen zu schaffen stoßen Brasilien und Argentinien in Kooperation mit Venezuela den Bau einer neuen Großpipeline an.

Das Bauprojekt der Trans- Südamerikanischen Pipeline soll alle weltweit existierenden Erdgaspipelines von der Kapazität und Länge in den Schatten stellen. Die Pipeline „soll nach bisher vorliegenden Informationen über eine Länge von 8000- 10000 km über den Südosten Venezuelas durch das nördliche und östliche Brasilien nach Uruguay bis nach Argentinien führen" (Rempel, 2006: 5) und ein „Investitionsvolumen von 20 Milliarden US- Dollar sowie eine Bauzeit von fünf bis sieben Jahre" (Hermanns, 2006: 76) in Anspruch nehmen.

2.3   Steinkohleförderung in Südamerika

Die Steinkohleförderung in Südamerika wird maßgeblich von Kolumbien dominiert. Bei einem Blick auf die südamerikanische Steinkohleförderung der letzten 10 Jahre wird dieser Umstand deutlich. In diesem Zeitraum konnte die Förderung von Steinkohle in Kolumbien mehr als verdoppelt werden, und umfasste im Jahr 2006 42,7 Millionen Tonnen (vgl. Abb.6). Diese geförderten

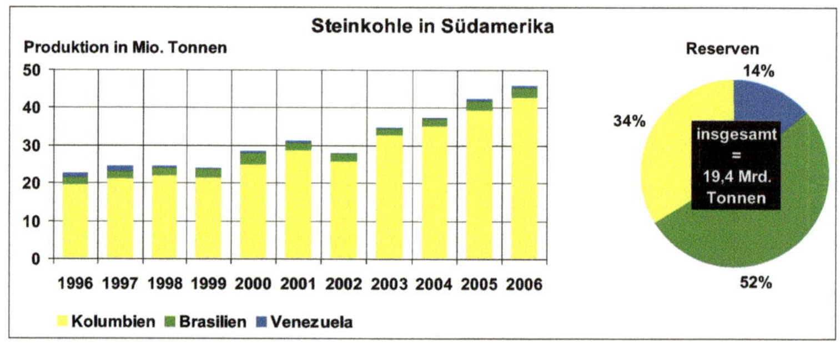

Abbildung 6: Steinkohle in Südamerika

Quelle: Eigene Graphik, Eigene Berechnung   Quelle der Grunddaten: British Petroleum 2007, 32-34

Mengen sind aber fast ausschließlich für den Export nach Europa und in die USA bestimmt. Von den 42,7 Millionen Tonnen Steinkohle wurden im Jahr 2006 nur 2,3 Millionen Tonnen im Inland verbraucht. „60% der Exporte gehen nach Europa und decken dort etwa ein Sechstel der Kohleimporte. Knapp 30% entfallen auf die USA, deren Bedeutung als Abnehmer kolumbianischer Kohle in den letzten fünf Jahren deutlich gewachsen ist." (GVST, 2007) Dieser Bedeutungsgewinn spiegelt sich in den radikalen Produktionszuwächsen von 2002 bis 2006 wider (vgl Abb. 6). Bleiben die politischen Rahmenbedingung in Kolumbien stabil ist von weiteren US- amerikanischen Investitionen auszugehen, die für „einen Zuwachs der Exporte von bis zu 9 Mio. t auf 53 Mio. t" (GVST, 2007) in Südamerika sorgen können. In Südamerika selber ist die Nutzung der Steinkohle nur sehr schwach ausgeprägt, und „wird vor allem durch Brasilien bestimmt, auf das 56% des südamerikanischen Kohleverbrauchs entfallen." (Helfer, 2008: 37) Ebenfalls fallen ein Großteil der südamerikanischen Steinkohlereserven (19,4 Mrd. Tonnen) ,die bei aktueller Förderung noch für mehrere hundert Jahre ausreichend, auf Brasilien und es ist bei der aktuellen vergleichsweise niedrigen Steinkohleförderung des Landes vorstellbar das hier zusätzliche Förderanlagen errichten werden. Gründe hierfür sind „der Bau neuer Kraftwerke in den kohlereichen südlichen Bundesstaaten und die beabsichtigte Ausweitung der Stahlproduktion." (Helfer, 2008: 38)

3.1   Eisenerz- Förderung und Reserven in Brasilien

Die regionale Verteilung des Industrierohstoffs Eisenerz ist auf dem lateinamerikanischen Kontinent sehr stark in Brasilien konzentriert. Bei einem Blick auf die Reserven Lateinamerikas wird deutlich das 83% der Eisenerzlagerstätten in Brasilien vorzufinden sind (vgl. Abb.7). Neben Brasilien verfügt nur noch Venezuela in Südamerika über nennenswerte Eisenerzvorkommen. In Brasilien wird der Großteil der Eisenerze im Südosten des Landes in der Provinz Minas Gerais im Umland der Provinzhauptstadt Belo Horizonte abgebaut. In dieser Region alleingenommen lagern 40% der brasilianischen Eisenerzreserven und 70% der jährlichen Eisenerzproduktion entstammt aus dieser Region (Varajao, 2000: 116). Dieses Gebiet wird aufgrund seiner ausgesprochen hohen und qualitativ guten Eisenerzreserven auch „Iron Quadrangle" (Varajao, 2000: 113) genannt. Die Qualität dieses Eisenerzes ist wegen des hohen Anteils an Stückerzen vergleichsweise besser als aus anderen Regionen. Stückerze sind poröse, golfballkleine aber sehr leichte Eisenerzstücke, die einen früheren Schmelzpunkte haben und deshalb bei der energiesparenden DRI- Eisenproduktion eingesetzt werden können (Varajao, 2000: 114). Neben dem Iron Quadrangle verfügt Brasilien über weitere große Eisenerzvorkommen in der Serra dos Carajas. Die Minen von Carajas liegen zentral an den südöstlichen Ausläufern des Amazonas südlich der Hafenstadt Belém (Diercke, 1992: 210). Im Gegensatz zu den Eisenerzminen in Minas Gerais werden hier aber vornehmlich keine Stückerze, sondern Feinerze gefördert.

In diesen beiden Regionen Brasiliens lagern noch 22.991 Millionen Tonnen Eisenerz (vgl. Abb.7) und bei einem gleich bleibendem Produktionsniveau Brasiliens, das sich derzeit auf 315.000 Tonnen beläuft (Wirtschaftsvereinigung Stahl, 2007: 295), reichen diese Reserven noch für 72 Jahre.

Reserven	Regionale Verteilung	%- globale Reserven
27.700 Mio. t	Brasilien (83%)	17,3
	Venezuela (14%)	
	Mexiko (3%)	

Abbildung 7: Eisenerzreserven in Lateinamerika
Quelle: Eigene Graphik   Quelle der Grunddaten: Strüver 2007, 100

3.2 Weltwirtschaftliche Bedeutung der brasilianischen Eisenerzvorkommen und der Stahlindustrie

Brasilien ist vor Australien und China der größte Eisenerzproduzent in der Welt und hat im zurückliegenden Jahr 2006 insgesamt 315 Millionen Tonnen Eisenerz gefördert. Von diesen 315 Millionen Tonnen Eisenerz wurden 72 Millionen Tonnen als Rohstoff in der brasilianischen Stahlindustrie verwendet (Wirtschaftsvereinigung Stahl, 2007: 295). Die überschüssige Eisenerzproduktion, die im Jahr 2006 insgesamt 242 Millionen Tonnen erreichte, wurde in Form von Feinerz oder Eisenerzpellets weltweit exportiert. In den zurückliegenden Jahren wurden die Eisenerzausfuhren stark gesteigert und zum größten Teil ist dies auf die gesteigerte chinesische Nachfrage zurückzuführen (vgl.Abb.8).

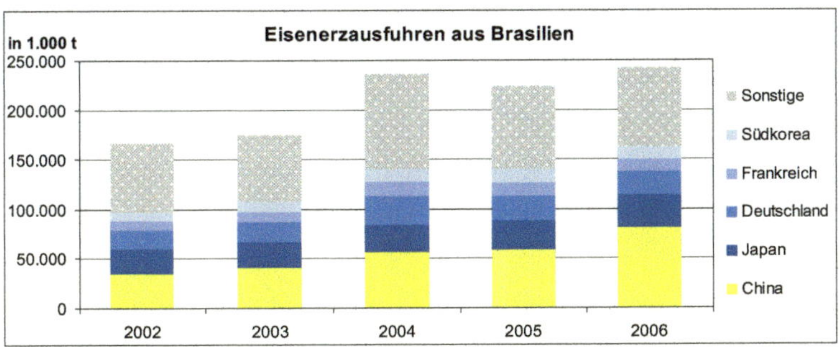

Abbildung 8: Eisenerzausfuhren aus Brasilien

Quelle: Eigene Graphik   Quelle der Grunddaten: Wirtschaftsvereinigung Stahl 2007, 298

Das für den Export bestimmte Eisenerz wird von den angesprochenen Anbaugebieten Minas Gerais im Süden und Carajas im Norden Brasiliens mit LKW's zu den in der Nähe befindlichen Güterbahnhöfen transportiert. Von dort aus wird der Eisenerztransport auf die Schiene verlagert und im Anschluss zu den Güterhäfen Ponta de Madeira im Norden und Tubarao sowie Itaguai im Süden Brasiliens fortgesetzt. Die angesprochene Pelletierung des Eisenerzes erfolgt auf dem Hafengelände und die gewonnenen Eisenerzpellets werden dann zu ihren Bestimmungspunkten auf den nordamerikanischen, europäischen und vor allem asiatischen Markt verschifft (vgl. Abb.9). Der Prozess der Erzförderung, der in Brasilien u.a. in Tagebergwerken bewerkstelligt werden kann, und des Transports erfolgt „seit Jahren Tag und Nacht rund um die Uhr. Kommt es zu Lieferengpässen [...] dann stauen sich die Schiffe vor den Atlantikhäfen." (Busch, 2007: 14)

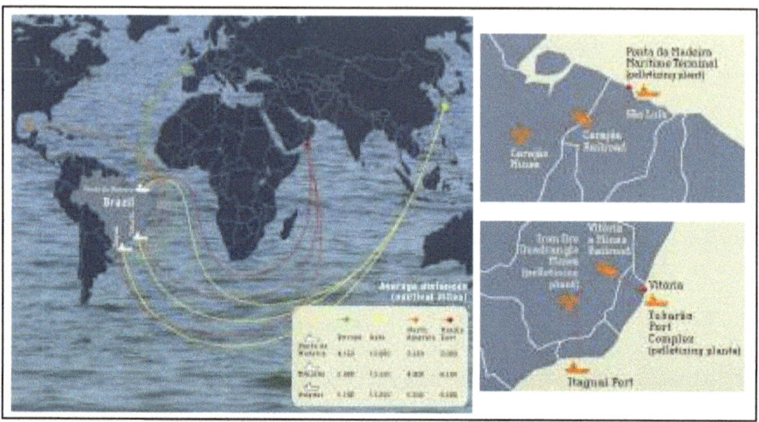

Abbildung 9: Transportinfrastruktur der brasilianischen Eisenerzindustrie
Quelle: CVRD 2007, 21

Die Eisenerzförderung in Brasilien wird von „CVRD, einem der der weltweit mächtigsten Bergbaukonzerne" (Henkel, 2007) dominiert und CVRD „ist der größte Eisenerzexporteur weltweit." (Henkel, 2007) Ursprünglich war CVRD ein brasilianisches Staatsunternehmen mit dem Namen Vale, aber mit „seiner Privatisierung vor zehn Jahren" (Busch, 2007: 14) begann eine Rückbesinnung auf das Kerngeschäft mit Eisenerz. In diesem Zeitraum wurden alle Erzkonzerne in Brasilien übernommen und ein Aufkauf ausländischer Minen forciert. Derzeit kontrolliert CVRD „zusammen mit BHP Billiton und Rio Tinto mehr als zwei Drittel des Erzhandels weltweit. Selbst Stahlriesen wie der Weltmarktführer Arcelor-Mittal haben wenig Einkaufsmacht gegenüber dem Kartell." (Busch, 2007:15) Diese Entwicklungen haben auch Auswirkungen auf die Stahlindustrie, die durch die Nähe zum Rohstoff Eisenerz und die ausgebauten Logistikstrukturen nach Brasilien gelockt werden. Ein zusätzlicher Aspekt, der den stetig vorangetriebenen Ausbau der eigenen Stahlindustrie unterstützt, sind vor allem auch die im eigenen Land vorhandenen Bodenschätze für die Stahlveredelung. Brasilien und die umliegenden südamerikanischen Nachbarstaaten verfügen über ausreichende Vorkommen an Kobalt, Molybdän, Nickel und Niob, welche als Legierungselement in der Edelstahlproduktion eingesetzt werden. In Abbildung 10 werden die Reserven und die regionale Verteilung der Stahlveredler dargestellt.

	Reserven in 1.000t	Regionale Verteilung	%- globale Reserven
Kobalt	1029	Kuba (97%) Brasilien (3%)	14,7
Molybdän	1375	Chile (80%) Peru (10%) Mexiko (10%)	16
Nickel	12210	Kuba (40%) Brasilien (37%) Kolumbien (7%) Dom. Rep. (6%) Venezuela (5%)	19,1
Niob	4300	Brasilien (100%)	97,7

Abbildung 10: Lateinamerikanische Reserven der Stahlveredler

Quelle: Eigene Graphik   Quelle der Grunddaten: Strüver 2007, 100

Diese Bedingungen tragen dazu bei, dass neben der Stahlindustrie auch die Edelstahl verarbeitende Industrie an dem Standort Brasilien gute Rahmenbedingungen für eine transport- und rohstoffgünstige Produktion vorfindet. Nach aktuellem Stand ist Brasilien „der zehntgrößte Stahlproduzent der Welt" (Henkel, 2007), aber aufgrund der guten Standortfaktoren für die Stahlproduktion ist davon auszugehen, dass die Stahlproduktion in Brasilien weiter ausgebaut wird. Ein Blick auf die Schätzungen der IBS, nach deren Information die Stahlkonzerne bis 2012 17,2 Mrd $ investieren und damit die Produktionskapazität des Landes von 37,1 Mio. Tonnen auf 71 Mio. Tonnen verdoppeln, verdeutlichen diesen Trend (Henkel, 2007).

Zusammenfassend bleibt festzuhalten, dass die brasilianischen Eisenerzvorkommen bei der weltweiten Stahlproduktion eine sehr wichtige Rolle einnehmen. Vor allem werden die Ausfuhren nach China sehr stark zunehmen. China verfügt zwar über große Eisenerzvorkommen, aber diese reichen nicht aus um die chinesischen Nachfrage zu decken. Neben dem brasilianischen Wachstum der Eisenerzexporte durchläuft die brasilianische Stahlindustrie eine Wachstumsphase. Die Standortfaktoren für die Stahlherstellung sind in Brasilien sehr günstig und locken ausländische Investoren ins Land, die den Ausbau der Stahlindustrie beschleunigen.

4.1 Kupferförderung in Chile und Peru im internationalen Kontext

Die Bergwerksproduktion von Kupfer aus Chile und Peru umfasste im Jahr 2006 zusammen 6,4 Mio. Tonnen und stellt damit 42% der weltweiten Bergwerksproduktion von Kupfer, die sich auf 15, 2 Mio. Tonnen beläuft (World Bureau of Metal Statistics, 2007: 24). Der Großteil des Kupfers wird jedoch im europäischen, amerikanischen und asiatischem Raum konsumiert. Vom weltweiten Kupferkonsum (inkl. Kupferschrotte) 2006 der 17,7 Mio. Tonnen betragen hat, wurden gerade einmal 1 Mio. Tonnen auf dem südamerikanischen Markt nachgefragt (vgl.Abb.12). Dieser Umstand führt dazu, dass das in Chile und Peru geförderte Kupfer hauptsächlich für den Export bestimmt ist. Bei diesen Exportströmen ist es jedoch sehr wichtig, zwischen den Ausfuhren von raffiniertem Kupfer und Kupfererzen zu differenzieren, da die Wertschöpfung und die damit verbundenen Einnahmen für Chile und Peru nicht identisch sind. Während die Kupfererze einen Kupfergehalt von 33% haben, weisen die raffinierten Anoden- Kupferplatten einen Kupfergehalt von 99,9% auf und werden zu wesentlich höheren Preisen je Tonne an den Rohstoffbörsen (z.B. LME) gehandelt. Unter Berücksichtigung dieser Unterscheidung bei den Kupferexporten ist es augenscheinlich, dass Chile gegenüber Peru nicht nur aufgrund seiner allgemein höheren Exporte von Erzen und Kupferplatten mehr Einnahem erzielt. Des Weiteren verläuft die Entwicklung der Ausfuhren aus Chile von Raffinadekupfer und Kupfererzen auf einem parallelen Level, während sich in Peru seit 2001 die zusätzlichen Explorationsanstrengungen ausschließlich in einem massiven Anstieg der Ausfuhr von Kupfererzen niederschlagen (vgl.Abb.11), die niedrigere Geldeinnahmen als Raffinadekupfer erzielen. Diese

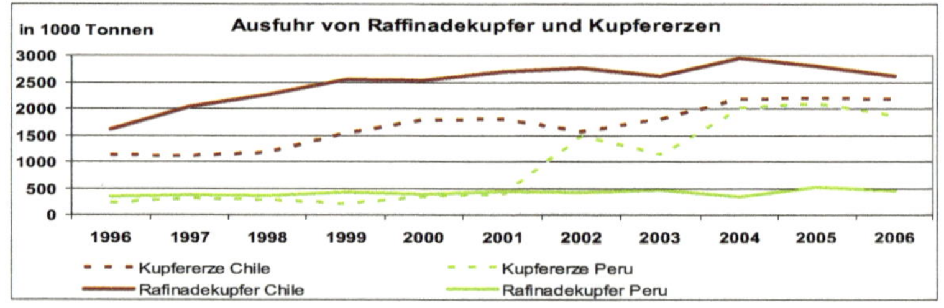

Abbildung 11: Ausfuhr von Raffinadekupfer und Kupfererzen
Quelle: Eigene Graphik   Quelle der Grunddaten: World Bureau of Metal Statisitcs 2007, 344-352

Entwicklung verstärkt den Trend in Peru, wo die Kupfererzexporte die der Raffinadekupferexporte bei weitem übersteigen. Im Jahr 2006 waren die Kupfererzexporte um vier Mal größer als die des raffinierten Kupfers. Insgesamt gesehen profitieren beide Staaten von ihren Kupfervorkommen, nur das Chile durch die stärkere Raffinierung mehr Devisen einnimmt als Peru. Ein zusätzlicher Faktor der die Devisen seit Jahren steigern lässt ist „Chinas Hunger nach Rohstoff [...] so dass der Kupferpreis auf historische Höhen gestiegen ist."(Manut, 2006) Die Regierungen der Förderländer schlagen Profit aus dem Export der Rohstoffe durch den Verkauf von Konzessionen und der Besteuerung von Gewinnen der ausländischen Bergbauunternehmen. Mit diesen zusätzlichen Einnahmen müssen die Regierungen in Peru und Chile sorgfältig umgehen, da nicht abzusehen ist wie lange die Kupferpreise auf solch einen hohen Niveau bleiben. In Chile wurde von der Regierung als Präventivmaßnahme ein Fonds gegründet der sich aus den Kupfereinnahmen speist. Sollte der Kupferpreis wieder fallen, „darf der Staat damit seine Ausgabenausfälle kompensieren. Ansonsten dürfen nur die Zinsen verwendet werden, die der Fonds abwirft."(Manut, 2006) Die Zinsen die der Fond abwirft werden vornehmlich „zum Aufbau anderer Branchen"(Südhoff, 2006: 7) verwendet. Die internationale Nachfrage, Raffinierung und Förderung von Kupfererzen ist in Abbildung 12 dargestellt, und verdeutlicht das alle Kontinente,

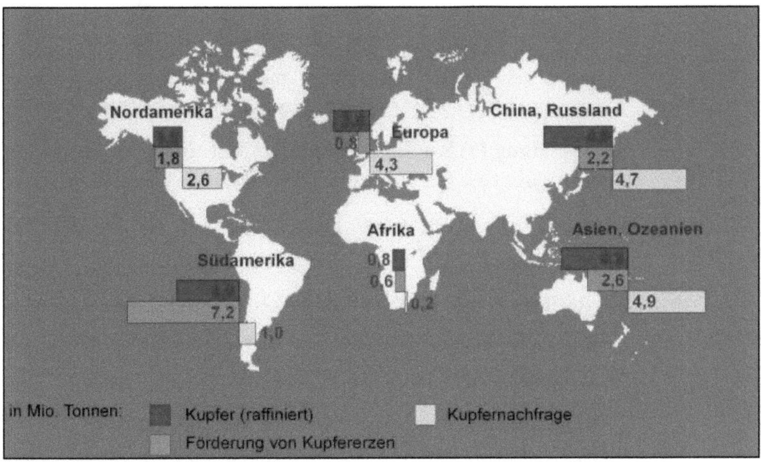

Abbildung 12: Weltweite Kupfer- Produktion und Nachfrage 2006
Quelle: Eigene Graphik   Quelle der Grunddaten: Norddeutsche Affinerie

mit der Ausnahme von Afrika, mehr Kupfer nachfragen, als sie selber fördern können. Durch diese Situation sind die meisten amerikanischen, europäischen und asiatischen Staaten darauf angewiesen, raffiniertes Kupfer oder Kupfererze aus Südamerika zu importieren, um die eigene Nachfrage decken zu können. Dabei setzen die Staaten auf unterschiedliche Einfuhrstrukturen. Während China überwiegend nur die Erze einführt, um diese unter eigenen industriellen Anstrengungen zu raffinieren, importieren die USA und die europäischen Staaten (allen voran Italien, Frankreich und die Niederlande) Anode- Kupferplatten, die direkt in den Verarbeitungsprozess einfließen (vgl.Abb.13). Als einziger europäischer Staat führt Deutschland fast ausschließlich Kupfererze ein, die bei der Norddeutschen Affinerie (in Hamburg) raffiniert werden. Die NA besitzt die zweitgrößte Kupferschmelze der Welt, mit einer Kapazität von 450.000 Tonnen im Jahr 2006 (ICSG, 2007: 46), und bezieht die Kupfererze zu 60% aus Peru und 40% aus Chile (vgl.Abb.13).

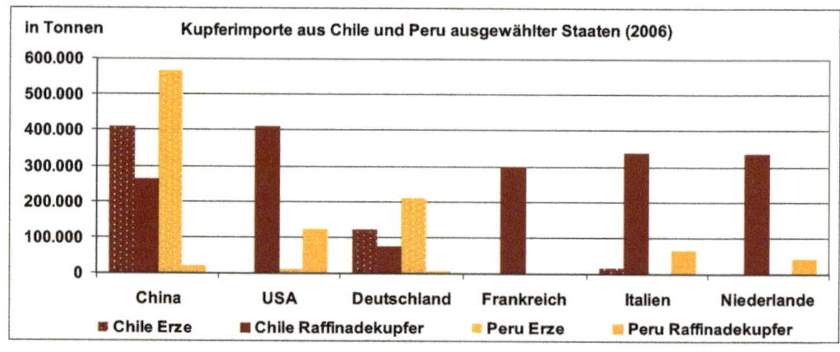

Abbildung 13: Kupferimporte aus Chile und Peru ausgewählter Staaten (06)
Quelle: Eigene Graph   Quelle der Grunddaten: World Bureau of Metal Statistics, 345-352

Es bleibt also festzuhalten, dass Chile durch die größere Kupferproduktion und Kupferreserven auf der einen Seite und durch eine ausgeprägtere Kupferindustrie (Raffination von Kupfer) auf der anderen Seite mehr Kapital aus der Ressource Kupfer herausholt als Peru. Der Bereich der Wertschöpfung kann also in Peru optimiert werden. Die angesprochene weltwirtschaftlich hohe Nachfrage nach Kupfer wird des Weiteren zu einem Ausbau der Investitionen der Kupferförderung und Raffinerie in Peru und Chile führen, „zumal eine Reihe von Großprojekten bis zum Jahr 2009 zusätzliche Kapazitäten von insgesamt 900 Mio. Tonnen bereitstellen werden." (Wagner, 2006: 3)

4.2 Bauxitförderung und Aluminiumindustrie in Brasilien

Bauxit ist der einzige mineralische Rohstoff der bei der Aluminiumherstellung anfällt und nach dem aktuellen technischen Produktionsverfahren werden zur Herstellung von einer Tonne Primäraluminium vier Tonnen Bauxit benötigt (GDA, 2008: 13). Die Bauxitreserven weltweit umfassen 55-75 Mrd. Tonnen und sind auf Afrika (33%), Ozeanien (24%), Lateinamerika (22%), Asien (15%) und anderen Regionen (6%) verteilt (USGS, 2008: 33). Bei der aktuellen Bauxitproduktion (2006), die sich auf 180 Mio. Tonnen beläuft (World Bureau of Metal Statistics, 2007: 9), wird deutlich, dass die Bauxitreserven für einen langen Zeitraum (mindestens 300 Jahre) ausreichen. Die Bauxitförderung in Lateinamerika konzentriert sich in hohem Maß auf Jamaika und Brasilien die 75% der gesamten lateinamerikanischen Bauxitförderung vereinen (vgl. Abb. 14). Die aluminiumhaltigen Bauxiterze werden entweder exportiert und über den Seeweg zu den international großen Aluminiumproduzenten verschifft oder dienen als Rohstoff für die südamerikanische Aluminiumindustrie.

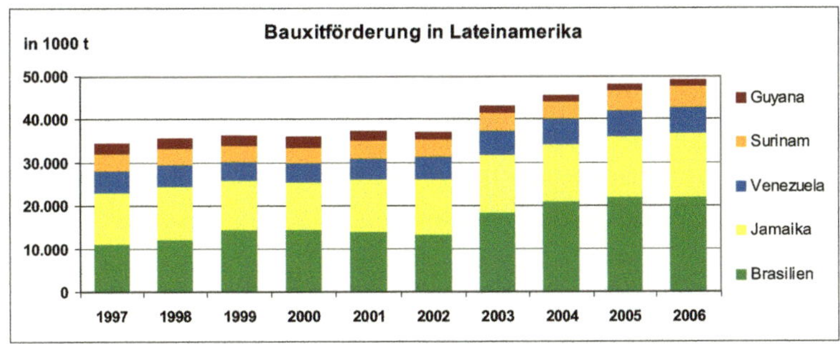

Abbildung 14: Bauxitförderung in Lateinamerika

Quelle: Eigene Graphik   Quelle der Grunddaten: World Bureau of Metal Statistics, 9

Diese ist in Brasilien am stärksten entwickelt, da 55% des in Südamerika hergestellten Aluminiums aus Brasilien stammt (World Bureau of Metal Statistics, 2007: 12). Neben Brasilien gibt es noch in Venezuela und Argentinien eine Aluminiumindustrie. Die Grundvoraussetzung für eine gute Infrastruktur zur Aluminiumherstellung ist viel Energie, da Aluminium in der Herstellung sehr energieintensiv ist. Diese Vorraussetzung ist in allen drei Ländern durch unterschiedliche Energieträger erfüllt. Beispielsweise kann es sich Brasilien leisten, „Energiesubventionen im Wert von US$ 200 Mio." (Schäfer u.a., 2005: 5) der Aluminiumindustrie bereitzustellen. Die notwendige Energiegewinnung „wird von der Nummer drei der Großstaudämme weltweit, dem Tucurui- Staudamm, bereitgestellt." (Schäfer u.a., 2005: 5) Weitere Investitionsanstrengungen, wie der beschlossene Bau des Belo Monte Staudamms in Altamira (Schäfer u.a., 2005: 5), untermauern die Tendenz, dass Brasilien seine Standortattraktivität für die Aluminiumindustrie ausbauen möchte. Es ist jedoch bei dieser Entwicklung bedenklich, dass ausschließlich auf ökonomische Faktoren geachtet wird und die bedenklichen ökologischen und sozialen Konsequenzen, die die Aluminiumindustrie mit sich führt außer Acht gelassen werden. Die Natur wird schon beim ersten Prozess, der Bauxitförderung, stark in Mitleidenschaft gezogen, da der Abbau des Bauxits Übertage stattfindet und dabei zuerst große Flächen des amazonischen Regenwaldes abgeholzt werden müssen. Ebenfalls hat die Lagerung des bei der Förderung entstehenden Abfallproduktes Rotschlamm (der stark eisenhaltig ist) negative Auswirkungen auf die umliegenden Flüsse und Seen, die diese so stark vergiften, dass das Leben in den betroffenen Zonen abstirbt. (Plantenberg, 1992: 105) In der daran anschließenden Prozessstufe der Herstellung von Aluminium kommt es ebenfalls zu negativen Begleiterscheinungen. Denn durch „den industriellen Prozess der Aluminiumherstellung werden Luft und Wasser lokal im großem Maßstab verschmutzt (Schäfer u.a., 2005: 5). Die sozialen Folgen der Aluminiumproduktion sind für die umliegenden Dörfer verheerend. Denn die umweltschädliche Aluminiumproduktion entzieht den Kleinbauern und Fischern ihre Lebensgrundlage und sorgt dafür, dass die dortige Bevölkerung ihrer traditionellen Subsistenzwirtschaft nicht mehr nachgehen kann. In der Folge verlassen viele Menschen diese Regionen und leben häufig in Armut an Stadträndern oder noch weiter im Landesinneren (Plantenberg, 1992: 110).

Die geographischen Standorte der jeweiligen Prozessstufen in der brasilianischen Aluminiumindustrie sind von einander getrennt. Das Mineral Bauxit wird im Hinterland in den nördlichen brasilianischen Amazonasgebieten abgebaggert und dann über „den Schiffsweg in die Fabriken Sao Luis und Bacarena bei Belem transportiert." (Schäfer u.a., 2005: 4)

4.3   Zinkabbau in Südamerika

Der Abbau von Zinkerzen in Südamerika wird hauptsächlich in Peru betrieben, denn im Jahr 2006 fallen von 1,6 Mio. Tonnen gefördertem Zink in Südamerika 1,2 Mio. Tonnen auf den Andenstaat Peru (vgl.Abb.15).

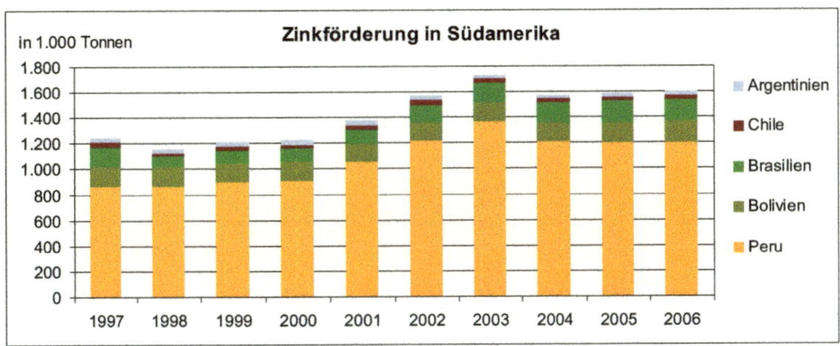

Abbildung 15: Zinkförderung in Südamerika

Quelle: Eigene Graphik   Quelle der Grunddaten: World Bureau of Metal Statistics, 67

In Peru werden die Zinkerze häufig in der Kombination mit Kupfererzen gefördert und der in Abbildung 15 gut zu erkennende Produktionszuwachs im Jahr 2002 geht maßgeblich auf die Inbetriebnahme zweier großer Kupfer/Zink- Minen der Firma Antamina in der Provinz Ancash zurück, die 250 Km nördlich von der Landeshauptstadt Lima liegt (Antamina, 2003). Die Fördergebiete der Zinkerze in Peru erstrecken sich, ähnlich wie bei den Kupfererzen vom Süden zum Norden des Landes den Andengürtel entlang. Eingeschlossen sind dabei die Provinzen Huancavelica, Lima, Junin, Pasco, Ancash, Lambayque und Cajamarca (Ministerio de Engergia y Minas, 2003).

Die Abbaugebiete in Peru sind also überwiegend in zentraler Andenlage und werfen dabei ein Problem für die soziale Struktur der Regionen auf, in der diese Erze gefördert werden. Die modernen Bergwerksunternehmen sind „weitgehend automatisierte und mechanisierte Unternehmen" (Golte, 2004: 41) und stellen wenig Arbeiter ein. Auch nach dem Abbau der Erze werden „die Konzentrate mittels einer Pipeline an die Pazifikküste gebracht, dort weiter verarbeitet und dann verschifft." (Golte, 2004: 41) Dieser Umstand führt dazu, dass in den Abbauregionen wenige Arbeitsplätze entstehen, die Menschen in Armut leben und den negativen ökologischen Auswirkungen des Bergbaus ausgesetzt sind.

5.1 Gold- und Silberförderung in Südamerika am Beispiel Peru

Der peruanische Staat erlebt seit den frühen 90er Jahren einen starken Anstieg der Förderquoten im Bergbau- Sektor. Neben Kupfer spielt dabei der Gold und Silberbergbau eine entscheidende Rolle (Müller, 2002: 62). Bei beiden Bodenschätzen gehört die peruanische Jahresproduktion zu den wichtigsten Förderländern im internationalen Vergleich.

Im Bereich der Silberproduktion ist das Land sogar seit 2002 weltweit führend und produziert mehr als Mexiko, dass bis zu diesem Zeitpunkt die Spitzenposition stellte (Bureau of Metal Statitics, 2007: 60). Die Silberproduktion steigerte sich im Zeitraum von 1996 bis 2006 um 81% und der peruanische Anteil an der Weltsilberproduktion wurde von 13% auf 18% erhöht (vgl.Abb.16). Von der gesamten peruanischen Silberproduktion (3.470 Tonnen) im Jahr 2006 entfielen nur 23% auf die fünf größten Silberminen des Landes und diese Entwicklung legt den Schluss nahe, dass ein Großteil der Silberproduktion durch mittelgroße Bergwerke und den Kleinbergbau gedeckt werden (The Silver Institute, 2007). Die Silberreserven in Peru sind mit 36.000 Tonnen verhältnismäßig klein und wenn die aktuelle Jahresproduktion zugrunde gelegt wird, reichen diese Reserven nur noch für knapp 10 Jahre aus (USGS, 2007: 153). Unter dieser Prämisse ist es augenscheinlich, dass die Silberförderung ihren Höhepunkt erreicht hat und in Zukunft an Relevanz verlieren wird.

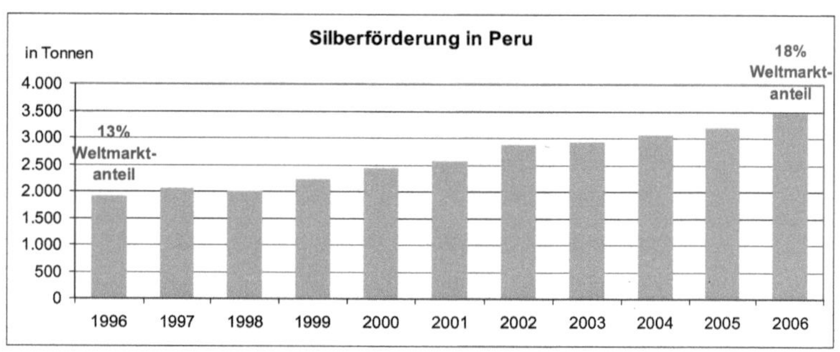

Abbildung 16: Silberförderung in Peru
Quelle: Eigene Graphik   Quelle der Grunddaten: World Bureau of Metal Statistics, 60

Die Goldförderung hingegen kann noch länger in Peru betrieben werden und vor allem die gestiegenen Goldpreise je Feinunze machen den Goldbergbau zunehmend attraktiver. Im Jahr 2006 wurden in Peru 203 Tonnen Gold gefördert, während die Weltproduktion bei 2.460 Tonnen lag (USGS, 2007: 73). Es wird also in Peru 8% der der weltweiten Goldproduktion gefördert. Die Goldreserven belaufen sich auf 3.500 Tonnen und reichen bei der derzeitigen Produktionskapazität noch für weitere 17 Jahre (USGS, 2007: 73). Ähnlich wie bei den Silberreserven reichen die Goldreserven für einen überschaubaren Zeitraum und sind schnell erschöpft. Im Gegensatz zur Silber sind aber die Erlöse der Goldförderung aufgrund des höheren Rohstoffpreises wesentlich höher. Beide Edelmetalle werden für den Export gefördert und dabei übersteigen die Deviseneinnahmen aus dem Goldexport die aus dem Silberexport.

Aber auch hier ist ein zentrales Problem, dass die Geldeinnahmen aus der Gold- und Silberförderung nicht die vom Bergbau betroffenen Regionen erreicht. Zusätzlich zwingen die politischen Rahmenbedingungen in Peru die Minengesellschaften nicht, die durch die Förderung zerstörte Natur zu renaturieren. Die ökologischen Folgeschäden sind zum Teil sehr beträchtlich, denn „allein um ein Gramm Gold zu gewinnen, muss eine Tonne Erde bewegt werden." (Fecke, 2008) Internationale Konzerne nutzen diese auflagenfreie Bergwerkregionen in Peru aus und können ihre Produktion wesentlich kostengünstiger aufziehen, als z.B. in Industrieländern wie den USA, wo die Minengesellschaften durch rechtliche Grundlagen dazu gezwungen sind, die durch den Bergbau kontaminierten Flächen zu renaturieren. Ein weiterer negativer Aspekt dieser Strukturen im peruanischen Bergbau äußert sich darin, dass die im Bergbau entstandenen Arbeitsplätze nicht der einheimischen Bevölkerung zu Gute kommt. „Die ausländischen Investoren bringen ihre eigenen Ingenieure mit und brauchen nur noch wenige Hilfsarbeiter vor Ort" (Fecke, 2008), da die Förderung automatisiert ist.

In der nahen Zukunft wird der Gold- und Silberabbau einen weiteren Produktionsschub erleben, da die Rohstoffpreise von einem Höchstwert zum nächsten Höchstwert eilen. Aber aufgrund der begrenzten Reserven werden die Förderkapazitäten von Gold und Silber in Peru wieder fallen.

6.1 Soziale und ökologische Probleme des Kleinbergbaus

Die Bodenschätze, die vornehmlich im Kleinbergbau gefördert werden sind transportkostenunempfindlich und „zu dieser Gruppe gehören vor allem metallische Rohstoffe wie die Buntmetalle (Blei, Kupfer, Zink, Zinn), die Stahlveredler und Re-fraktärmetalle (Chrom, Nickel, Wolfram, Niob, Tantal und Molybdän) sowie die Edelmetalle (Gold, Silber und Platin)." (BGR 2007: 56)

Das Phänomen des Kleinbergbaus tritt in nahezu allen lateinamerikanischen Ländern auf. Nach Schätzungen der ILO finden insgesamt „in Lateinamerika zwischen 1,3 bis 1,4 Millionen Menschen eine direkte Beschäftigung" (Vasters 2005: 542) im Kleinbergbau. Demgegenüber haben die im Kleinbergbau geförderten Bodenschätze einen sehr geringen Anteil an der gesamten Förderung eines Landes. Am Beispiel der Goldproduktion in Peru wird dies deutlich: Dort betrug die Jahresgoldproduktion des Kleinbergbaus im Jahr 2004 ca. 22 Tausend Tonnen, während im gleichen Jahr die größte Goldmine Lateinamerikas (Yanachoca Mine) mit einer Belegschaft von lediglich 2000 Mitarbeitern über 90 Tausend Tonnen Gold förderte (Hruschka 2005).

Zwar ist die ökonomische Bedeutung des Kleinbergbaus indes nicht so gravierend, umso stärker sind jedoch negative Auswirkungen des Kleinbergbaus auf die Umwelt festzustellen. Während die großen industriellen Bergwerksunternehmen die Umweltbelastungen aufgrund staatlicher Auflagen klein halten und deren Rentabilität Investitionen erlaubt, die z.B. beim Goldabbau die Zyan- und Quecksilberlösungen in eine Kreislaufwirtschaft einbinden (Golte 2004: 40), vollzieht sich der Kleinbergbau „ohne Kontrolle des Staates." (Golte 2004: 41) Dies führt dazu, dass toxische Rückstände der umliegenden Natur zugeführt werden. Dabei wird vor allem die Wasserbewirtschaftung in Mitleidenschaft gezogen, denn „die Flüsse sind aufgrund der langsameren Auswaschungen von Rückständen aufgelassener Bergwerke aus vergangenen Jahrhunderten und des derzeitigen handwerklichen Abbaus in hohem Maße durch Schwermetalle belastet." (Golte 2004: 41) Diese Verschmutzung beeinträchtigt wiederum die umliegende Kultivierung vom Agrarflächen und löst einen Konflikt zwischen Landwirtschaft und Bergbau aus. Das Ergebnis aus dieser bedenklichen Entwicklung muss die örtliche Bevölkerung tragen, die auf metallisch belastete Nahrung und Trinkwasser zurückgreifen muss.

Neben den ökologischen Folgeschäden, die vom Kleinbergbau ausgehen, sind die Konditionen unter denen die Menschen im Kleinbergbau arbeiten teilweise sehr dramatisch. Die Techniken mit denen der Bergbau betrieben wird sind fast gar nicht automatisiert und „unterscheiden sich nur wenig von jenen der Kolonialzeit. Unfälle in den Minen geschehen häufig. Doch auch außerhalb des Stollens lauert auf sie und ihre Familien Gefahr: Um das Gold aus dem Gestein zu lösen, verwenden sie giftiges Quecksilber." (DEZA) Dessen Gase können beim Einatmen schwere Krankheiten auslösen.

Neben dieser Vielzahl von negativen Auswirkungen die der Kleinbergbau auf die Umwelt hat, sollten jedoch nicht die Chancen vergessen werden, die dieser Kleinbergbau mit sich führt. Durch gezielte staatliche Fördermaßnahmen kann es gelingen, die Abbaumethoden auch in diesem Bereich zu modernisieren, um die umwelt- und gesundheitsschädlichen Effekte zu minimieren. In Südamerika hat z.B. der Staat Chile mit der Gründung der ENAMI im Jahr 1960 begonnen die Förderung des Kleinbergbaus voranzutreiben (Vaster, 2006: 545). Die ENAMI ist „ein parastaatliches Bergbauunternehmen" (Vaster, 2005: 545) und wird derzeit vom chilenischen Finanzministerium mit eine jährlichen Budget von 8 Mio.US-$ unterstützt. Hautaufgabe ist es, den Kleinbergbauern einen Zutritt „zum internationalen Markt der raffinierten, metallischen Rohstoffe mittels der Aufbereitung, Verhüttung und Raffination der Bergbauprodukte in eigenen oder vertraglich gebundenen Analagen" (Vaster, 2006: 545) zu gewährleisten. Zusätzliche Anstrengungen der ENAMI zielen darauf ab, die Arbeitssicherheit und Umweltauswirkungen zu verbessern durch die Bereitstellung von Krediten, die die Entwicklung der kleinen Bergbaubetriebe in beide Richtungen vorantreiben soll (Vasters, 2006: 546). Zum einen wirtschaftlicher zu arbeiten, zum anderen Sicherheitsmaßnahmen einzuhalten. Solche Modelle, in denen der Staat durch gezielte Subventionspolitik, die Kleinbauern fördert wäre in mehreren südamerikanischen Staaten zukünftig wünschenswert.

7   Resümee

Die fossilen Brennstoffe (Erdöl, Erdgas und Steinkohle) Lateinamerikas haben eine globale wirtschaftliche Ausstrahlung und werden nicht nur zur eigenen Energieversorgung gefördert, sondern auf dem Seeweg in die Industrieländer exportiert. Es ist davon auszugehen, dass die Exportströme zunehmen werden da vor allem beim Erdöl die Reserven in Südamerika noch für einen längeren Zeitraum vorhanden sind und am Beispiel Venezuelas eine Erhöhung der Produktionskapazitäten zu erwarten ist. Lediglich der fossile Brennstoff Erdgas wird derzeit ausschließlich über Pipelinesysteme transportiert und in Südamerika konsumiert, wobei Planungen zu Erdgasverflüssigungsanlagen und den daran anschließenden Seewegexport bestehen.

Die metallische Produktion der Bergbauindustrie in Südamerika ist ungleich viel stärker auf den Export in andere Kontinente ausgerichtet. Vor allem durch das starke Wirtschaftswachstum der chinesischen Industrie sind in den letzten Jahren die Handelsströme der metallischen Rohstoffe aus Südamerika rapide angestiegen. Diese Entwicklung bekommt allerdings einen Dämpfer, da zwischen dem Export der Bergwerksförderung und der daran anschließenden Raffinerie der metallischen Erze eine große Diskrepanz besteht. Dieser große Unterschied veranschaulicht die Tatsache, dass der Großteil der metallischen Rohstoffe zwar in Südamerika abgebaut wird, aber die Verarbeitung dieser Rohstoffe im Ausland stattfindet. Dadurch verlieren die südamerikanischen Volkswirtschaften ein Teil der möglichen wirtschaftlichen Wertschöpfung. Eine Ausnahme verkörpert dabei die chilenische Kupferindustrie, die das im Land geförderte Kupfer auch mehrheitlich selber raffiniert und erst die fertigen Kupferanoden exportiert (vgl.Abb.13). Diese Industriestruktur sollten andere südamerikanische Staaten vorbildhaft in der Zukunft versuchen umzusetzen. Denn die südamerikanischen Staaten profitieren erst dann von ihren enormen metallischen Bodenschätzen, wenn neben der Bergwerksproduktion auch eine adäquate Metall verarbeitende Industrie aufgebaut wird. Diese würde neue Arbeitsplätze schaffen und mehr Devisen in die Länder bringen, die wiederum es erlauben würden die Wirtschaftsstrukturen zu diversifizieren um dem Wohlstandsgefälle, dass in den meisten südamerikanischen Staaten stark ausgeprägt ist, entgegenzuwirken.

Literaturverzeichnis:

Antamina (2007): Antamina in Figures. Abrufbar unter:
http://www.antamina.com/01_antamina/En_CMA.html# am: 3.2.08

BGR (Hrsg.) (2008): Zertifizierte Handelsketten im Bereich mineralischer Rohstoffe, Nürnberg.

British Petroleum (Hrsg.) (2007): BP Statistical Review of World Energy 2007. London.

Busch, Alexander (2007): Lateinamerikanische Unternehmen- Im Rohstoffrausch. In: Handelsblatt, 2007/178.

Campbell, J. Colin u.a. (2007): Ölwechsel- Das Ende des Erdölzeitalters und die Weichenstellung für die Zukunft. München.

Norddeutsche Affinerie (Jahresberichte, sonstige Publikationen)

CVRD (2006): Iron Ore Products 2006. Rio de Janeiro.

DEZA: Umweltmanagement im peruanischen Kleinbergbau - Es ist nicht alles Gold was glänzt. Abrufbar unter:
http://www.deza.ch/de/Home/Projekte/Umweltmanagement_im_peruanischen_Kl einbergbau am: 3.2.2008

EIA (Hrsg.) (2006): International Energy Outlook 2006. Washington DC.

GDA (Hrsg.) (2008): Die Aluminiumindustrie – Eine leistungsfähige Branche. Abrufbar unter: http://www.aluinfo.de/index.php/gda-broschueren.html
am: 16.1.08

Golte, Jürgen (2004): Bergbau und regionale Entwicklung in Peru. In: Geographische Rundschau, JG 2004/3, S.38-42.

GVST (Hrsg.) (2007): Steigende Kohlepreise. Eintagsfliege oder anhaltender Trend. Essen. Abrufbar unter: http://www.gvst.de/site/aktuelles/archiv_31.htm am: 12.01.2007

Helfer, Malte (2008): Perspektiven der Steinkohle im 21. Jahrhundert. In: Geographische Rundschau, JG. 2008/1, S.32-42.

Henkel, Christiane (2007): Zuckerhut im Stahlnetz. Abrufbar unter: http://www.ftd.de/unternehmen/industrie/:Stahlmarkt%20Zuckerhut%20Stahlnetz /263390.html am: 15.1.2008

Hermanns, Klaus (2006): Brasilianische Energiepolitik zurück zu eigenen Quellen. Berlin (= Auslandsinformationen 8/06, S.67-78).

Hoffmann, Geraldo (2006): Die globalen Expansionspläne von Petrobras. Abrufbar unter: http://www.dw-world.de/dw/article/0,2144,2248637,00.html am: 17.10.07

Hruschka, Felix (2005): Der Traum vom Eldorado – Die rasante Entwicklung des Kleinbergbaus in Peru. Berlin (= Lateinamerika Nachrichten Ausgabe 377).

ICSG (Hrsg.) (2007): The World Copper Factbook 2007. Lissabon.

Leidel, Stefan a (2006): Der Kampf um das bolivianische Gas. Abrufbar unter: http://www.dw-world.de/dw/article/0,2144,2247396,00.html am: 17.10.07

Leidel, Stefan b (2006): Erölboom- zwischen Wunsch und Wirklichkeit. Abrufbar unter: http://www.dw-world.de/dw/article/0,2144,2246712,00.html am: 17.10.07

Manaut, Luna Bolivar (2006): Chile- Vorbeugung gegen den Fluch der Ressourcen. Abrufbar unter: http://www.dw-world.de/dw/article/0,2144,2248524,00.html am: 17.10.07

Ministerio de Engergia y Minas (2003): Mapa de Reservas Polimetalicas. Abrufbar unter:

http://www.minem.gob.pe/archivos/dgm/mapas/sig/pol_res/mask/01_peru_po_20 03.pdf am: 3.2.08

Müller, Uli (2002): Goldabbau in Peru. Berlin (= Lateinamerika Nachrichten Ausgabe 339/340, S. 62-64).

Plantenberg, Clarita Müller (1992): Schattenseiten der Aluminiumproduktion heute – und morgen? (= Lateinamerika Analysen und Berichte 15/1992, S.102-117).

Rempel, Hilmar u.a. (2006): Erdgas in Südamerika. In: BGR (2006): Commodity Top News No. 25. Hannover.

Schäfer, Susanna u.a. (2005): Aluminiumproduktion und Zivilgesellschaft in Brasilien.
Abrufbar unter: http://www.aluwatch.net/documents/1/ALU_U_ZIVIL.pdf
am: 1.2.08

Strüver, Georg (2007): Bergbau und Minenwirtschaft in Lateinamerika – Zwischen alten Herausforderungen und neuen Akteuren. In: Lateinamerika Analysen 16, 1/2007, S.97-123. Hamburg.

USGS (Hrsg.) (2008): Mineral Commodity Summaries. Abrufbar unter: http://minerals.usgs.gov/minerals/pubs/mcs/ am: 6.1.2008

The Silver Institute (2007): Silver Production. Abrufbar unter: http://www.silverinstitute.org/supply/production.php am 3.2.2008

Thomas, Harry (2007): Boliviens Berge boomen. Berlin. (= Lateinamerika Nachrichten, Ausgabe 393).

Vasters, J (2006): Die Förderung des Kleinbergbaus in Chile durch die Empresa Nacional de Mineria (ENAMI). In: Bergbau, 12/2006, S. 542-548.

Varajao, Cesar (2000): Microporosity of BIF hosted massive hematite ore, Iron Quadrangle, Brazil. In: Anais da Academia Brasileira de Ciências, 2002 (74). Rio de Janeiro, S. 113-126.

Wagner, Markus (2006): Schafft der Strukturwandel in der Nachfrage eine neue Dimension für die Weltrohstoffmärkte? Nürnberg. (= Commodity Top News NO.24).

Westermann (Hrsg.) (1992): Diercke Weltatlas. Braunschweig.

Wirtschaftsvereinigung Stahl (Hrsg.) (2007): Statistisches Jahrbuch der Stahlindustrie 2006/2007. Düsseldorf.

World Bureau of Metal Statistics (Hrsg.) (2007): Metallstatistik. Ware.